Übungsaufgaben zur Mechanik

Gleichförmige Bewegung, Beschleunigte Bewegung und Kräfte

Thomas Handel

Übungsaufgaben zur Mechanik

Gleichförmige Bewegung, Beschleunigte Bewegung und Kräfte

Thomas Handel

Impressum

Bibliografische Information der Deutschen Nationalbibliothek:
Die Deutsche Nationalbibliothek verzeichnet diese Publikation in der
Deutschen Nationalbibliografie; detaillierte bibliografische Daten sind im
Internet über http://dnb.dnb.de abrufbar.
© 2020 Thomas Handel
Lektorat: Dorothee Pachler-Seyboldt
Herstellung und Verlag: BoD – Books on Demand, Norderstedt
ISBN: 9783751922319

Vorwort:

Das vorliegende Übungsheft enthält Aufgaben aus einem Teilgebiet der Physik, der Mechanik.

Da auch dieses Teilgebiet sehr umfassend ist, wurde eine kleine Auswahl getroffen, die besonders den Schülerinnen und Schülern der Eingangsklasse des Beruflichen Gymnasiums als Übungsplattform dienen soll.

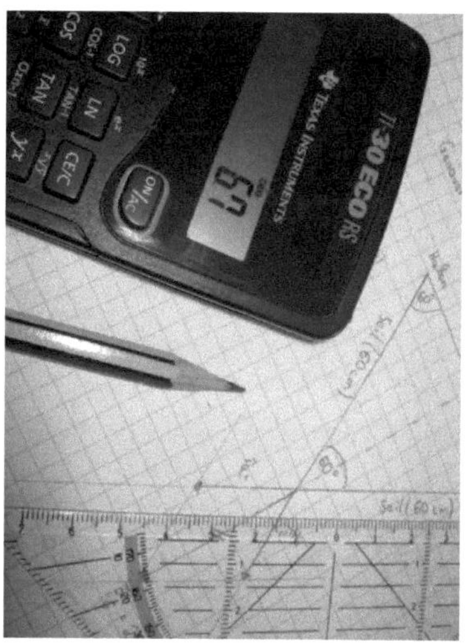

Bildquelle: T. Handel, [Lit. 1].

Die Aufgaben enthalten die Themengebiete Gleichförmige und Beschleunigte Bewegung - jeweils auf geradlinigen Bahnen, eine Methode zur Abschätzung der Momentangeschwindigkeit, Gewichtskräfte und deren Berechnung, Kräfteaddition und Kräftezerlegung, sowie Aspekte zum Thema Reibung bei unterschiedlichen Materialpaarungen und unterschiedlich behandelten Kontaktflächen.

Für jede Aufgabe wird ein ausführlicher Lösungsvorschlag mit zusätzlichen Erklärungen und gegebenenfalls mit entsprechenden Grundlagen angegeben.

Bei manchen Teilaufgaben wurde bewusst versucht, eine Brücke zur Mathematik zu schaffen und dadurch eine Anwendung zu erkennen. So soll zum Beispiel für einen betrachteten Bewegungsablauf die Momentangeschwindigkeit zu einem bestimmten Zeitpunkt als die 1. Ableitung der Ortsfunktion s(t), gemeint ist das Zeit-Weg-Diagramm (t-s-Diagramm) der betrachteten Bewegung, berechnet und als Tangente eingezeichnet werden.

Manche Aufgaben wurden durch einen Versuchsaufbau nachgestellt und überprüft, oder es wurden die im Versuch gemessenen Werte in eine Aufgabe eingebaut.

Den Schülerinnen und Schülern wünsche ich, dass dieses Übungsheft, auch wenn nicht alle Aufgaben richtig gelöst werden sollten, zum besseren Verständnis der Mechanik beiträgt.

Thomas Handel

Für Liam und Tamara

Physikalische Größen und Einheiten

Physikalische Größe	Symbol	Einheit	Bemerkung
Weg	**s**	m	$s_0, s_1, s_2 \ldots$; $\Delta s = s_2 - s_1$; [1] Vektor $\vec{s}$ [2]
Masse	**m**	kg	
Zeit	**t**	s	$t_0, t_1, t_2 \ldots$ = Zeitpunkte $\Delta t = t_2 - t_1$ = Zeitdauer
Geschwindigkeit	**v**	$\dfrac{m}{s}$	Vektor $\vec{v}$ [2] ; $\Delta v = v_2 - v_1$ [3]
Beschleunigung	**a**	$\dfrac{m}{s^2}$	Vektor $\vec{a}$ [2]
Kraft	**F**	N	Vektor $\vec{F}$ [2] ; $1\,N = 1\,kg \cdot \dfrac{m}{s^2}$

1) Für den zurückgelegten Weg **s** eines Körpers (z.B. ein Auto) wird eine Ortsachse mit einem gewählten Nullpunkt festgelegt (siehe Aufgabe 1). $s_0, s_1, s_2 \ldots$ sind Wegmarken, also definierte Punkte auf der Ortsachse. So bedeutet die Wegmarke $s_1 = 100$ m ein Punkt auf der Ortsachse, der exakt 100 m vom gewählten Nullpunkt entfernt ist.
Δs ist die Differenz zweier Wegmarken und entspricht einer Strecke.

2) Physikalische Größen, die für ihre Beschreibung neben ihrem Betrag, das ist z.B. die Stärke einer Kraft (z.B. $F = 4$ N), noch eine Richtung benötigen, sind Vektoren. Sie werden durch einen Pfeil über dem Symbol der Physikalischen Größe, der von links nach rechts gezeichnet wird, gekennzeichnet.
Da in den Aufgaben eindimensionale Bewegungen betrachtet werden, wird bei den Größen **s**, **v,** und **a** auf den Pfeil über dem Symbol verzichtet.

3) Bewegt sich ein Körper entgegen der gewählten Ortsachse, z.B. in Aufgabe 1 von rechts nach links, so wird seine Geschwindigkeit mit einem Minuszeichen versehen. Δv ist die Änderung der Geschwindigkeit.

Inhaltsverzeichnis

Aufgabe 1: *„Begegnung zweier PKWs"*

Um 12^{00} Uhr mittags, dies sei vereinfacht der Zeitpunkt $t_0 = 0$ s, fährt ein PKW A vom Ort Q in den Ort P, entsprechend der Situation in Bild 1.

Bild 1: Situation zum Zeitpunkt $t_0 = 0$ s.

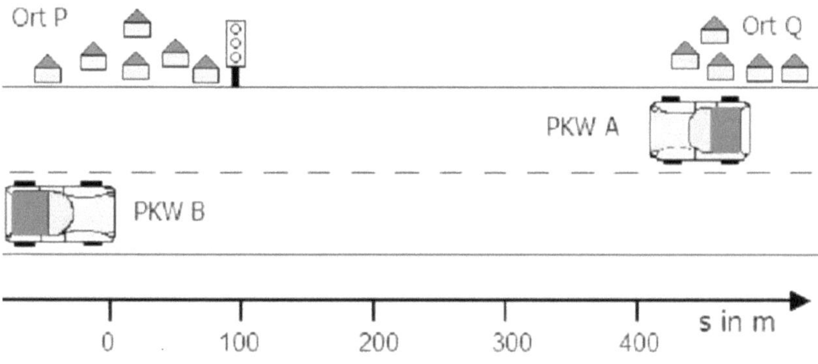

Die Fahrt des PKW A ist, vereinfacht ohne Beschleunigungsphasen, in einem Zeit-Weg-Diagramm (t-s-Diagramm) in Bild 2 gezeigt.

Bild 2: Zeit-Weg-Diagramm (t-s-Diagramm) für den PKW A.

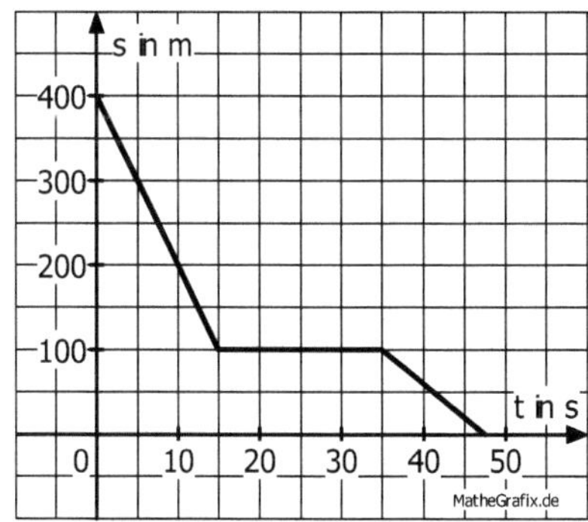

a) Das in Bild 2 dargestellte t-s-Diagramm von PKW A ist in drei Zeitintervalle unterteilt: Zeitintervall 1: Von 0 s bis 15 s;

Zeitintervall 2: Von 15 s bis 35 s; Zeitintervall 3: Von 35 s bis 47,5 s;

Bestimmen Sie aus Bild 2 für jedes Zeitintervall die entsprechende Geschwindigkeit des PKW A. Schreiben Sie dabei für jedes Zeitintervall die für die Berechnung der Geschwindigkeit erforderlichen Differenzen, Δs und Δt, ausführlich aus (Vorzeichen beachten).

b) Zeichnen Sie für den PKW A ein Zeit-Geschwindigkeits-Diagramm (t-v-Diagramm) von $t_0 = 0$ s bis zu dem Zeitpunkt $t = 47,5$ s. Die Zeit t (Einheit: s) soll auf der x-Achse, die Geschwindigkeit v (Einheit: m/s) soll auf der y-Achse aufgetragen werden.

c) Für den PKW A gilt das t-s-Diagramm in Bild 2, insbesondere dessen Zeitintervall 1, das für die jetzige Betrachtung zu dem Zeitpunkt $t_0 = 0$ s beginnt und zu dem Zeitpunkt $t_{Ende} = 15$ s endet.

Ein anderes Auto, PKW B, fährt in dem Ort P zum Zeitpunkt $t_0 = 0$ s vom Nullpunkt der Ortsachse los. Bis zu der Wegmarke $s_1 = 100$ m fährt PKW B mit der Geschwindigkeit $v_{B,1} = 36$ km/h, anschließend mit der Geschwindigkeit $v_{B,2} = 72$ km/h. Zur Vereinfachung sollen Beschleunigungsphasen nicht berücksichtigt werden.

Berechnen Sie den Zeitpunkt, t_{treff}, zu dem sich beide PKWs an derselben Wegmarke befinden. Die Fahrzeuglängen sollen dabei keine Rolle spielen.

Tipp: Ermitteln Sie zunächst die benötige Zeit t, die der PKW B zum Erreichen der Wegmarke $s_1 = 100$ m benötigt und bestimmen Sie für diese Zeit t die Wegmarke s_2, die der PKW A nach dieser Zeit erreicht. Setzen Sie dann die Zeit-Weg-Gesetze[1] beider PKWs mit den Wegmarken s_1 und s_2, die sie nach der Zeit t erreichen, gleich.

---

[1] Für den PKW B wäre dies: $s(t)_{PKWB} = 100$ m $+ v_{B,2} * \Delta t$

d) Berechnen Sie die Wegmarke, s_{treff}, an der sich beide PKWs treffen.

Falls Sie aus Aufgabe 1 c) keine Lösung haben, verwenden Sie für den Zeitpunkt des Zusammentreffens beider Autos $t_{treff} = 13$ s und berechnen Sie für diesen Zeitpunkt die Wegmarke, an der sich der PKW B befindet.

e) Schließlich erreicht der PKW B die Wegmarke $s_3 = 300$ m. Mit welcher Durchschnittsgeschwindigkeit, $\overline{v}$, ist der PKW B bis zum Erreichen der Wegmarke s_3 gefahren?

Aufgabe 2: *„Momentangeschwindigkeit eines vorbeifahrenden Autos"*

Von einem vorbeifahrenden Auto wurde ein Video aufgenommen. Das Video wurde anschließend mit einer frei erhältlichen Software in Einzelbilder zerlegt [Lit. 2]. Gezeigt werden ausgewählte Bilder mit entsprechenden Zeitpunkten.

Bild 3 a): Zeitpunkt $t_1 = 0$ s

Bild 3 b): Zeitpunkt $t_2 = 6/30$ s

Bild 3 c): Zeitpunkt $t_3 = 10/30$ s

Bild 3 d): Zeitpunkt $t_4 = 16/30$ s

Bild 4: Vermessener Hintergrund zu den Bildern 3 a) bis 3 d).

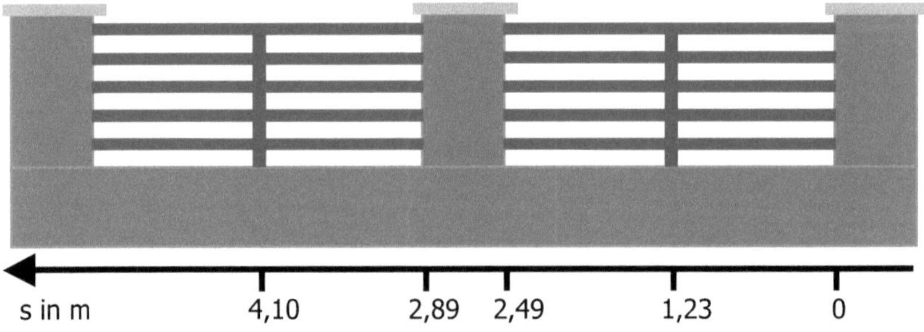

4

a) Schätzen Sie die Momentangeschwindigkeit, $v_{Momentan}$, des Autos aus den Bildern 3 b) und 3 c) und unter Zuhilfenahme von Bild 4 ab.

b) Begründen Sie, weshalb die Bilder 3 a) und 3 d) zur Abschätzung der Momentangeschwindigkeit des Autos im Vergleich zu den Bildern 3 b) und 3c) weniger geeignet sind.

Aufgabe 3: *„Ein Auto bremst bis zum Stillstand ab "*

In Bild 5 ist eine geradlinige Bewegung eines Autos abgebildet, das ab dem Zeitpunkt $t_0 = 0$ s bis zum Stillstand abbremst.

Bild 5: Zurückgelegte Strecke des Autos während des Bremsvorgangs.

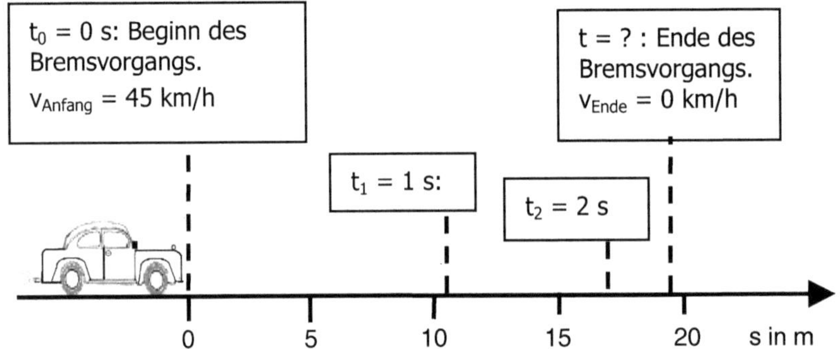

Bild 6: t-s-Diagramm des Bremsvorgangs

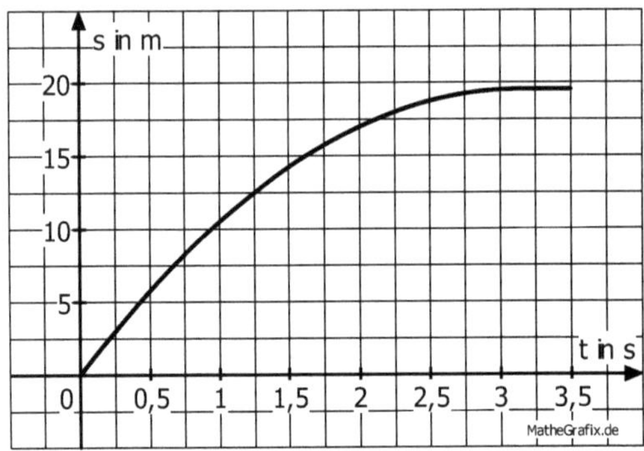

a) Begründen Sie aufgrund des zurückgelegten Weges des Autos in Bild 5, weshalb es sich dabei um keine gleichförmige Bewegung handelt.

b) Die Bremsverzögerung des Autos soll $a = -4$ m/s^2 betragen. <u>Berechnen</u> Sie die fehlenden Größen in der Tabelle 1.

Tabelle 1: Zum Zeitpunkt {t} zurückgelegte Weg {s(t)} des Autos während des Bremsvorgangs.

t in s	s(t) in m
0	0
1	_____
2	_____
3	_____
_____	19,53

c) Zeichnen Sie ein Zeit-Geschwindigkeits-Diagramm (t-v-Diagramm), das sich bis zu dem Zeitpunkt t_3 = 3 s ergibt. Ermitteln Sie aus diesem Diagramm den zurückgelegten Weg des Autos bis zu dem Zeitpunkt t_3 = 3 s.

d) Für die in Bild 6 abgebildete Ortsfunktion $s(t)$[1] soll gelten:

$$s(t) = 12{,}5\frac{m}{s} \cdot t - 2\frac{m}{s^2} \cdot t^2$$

Berechnen Sie die Momentangeschwindigkeit des Autos zum Zeitpunkt t_1 = 1 s.

Tipp: Die Steigung einer Tangente an die Kurve, s(t), zum Zeitpunkt t_1 = 1 s entspricht der Momentangeschwindigkeit, die das Auto zu diesem Zeitpunkt besitzt [Lit. 3]. Für die Berechnung der Steigung der Tangenten können Sie s(t) durch f(x) ersetzen. Die erste Ableitung, f '(x), entspricht dann v(t), das ist die Geschwindigkeit des Autos in Abhängigkeit von der Zeit. Schließlich wäre damit v(1s) die Momentangeschwindigkeit des Autos zum Zeitpunkt t_1 = 1 s.

---

[1] Jedem Zeitpunkt t wird ein bestimmter Ort, an dem sich das Auto befindet, zugeordnet. In Analogie wird bei der Funktion f(x) jedem x-Wert ein y-Wert zugeordnet.

e) Zeichnen Sie in das t-s-Diagramm (Bild 6) zum Zeitpunkt $t_1 = 1$ s die Tangente ein.

f) Berechnen Sie die Bremskraft, die auf das Auto ($m = 1200$ kg) wirkt. Die Bremsverzögerung a soll während des gesamten Bremsvorgangs konstant bleiben.

Aufgabe 4: *„ Angehängt und umgelenkt "*

Im Physikraum der Schule wird eine Masse $m_1 = 100$ g an einen Kraftmesser gehängt. Die zweite Masse $m_2 = 100$ g wird zunächst mit einem Faden an die Masse m_1 angehängt und über entsprechende Rollen umgelenkt (siehe Bild 7 a).

In einer zweiten Anordnung wird anstelle einer dritten Umlenkrolle eine frei hängende Rolle (Rolle 3), die an einer Seite mit einem Faden am Stativ befestigt ist, verwendet und dort die Masse m_2 an einen Hacken angehängt (siehe Bild 7 b). In beiden Fällen hängt die Masse m_2 noch eine bestimmte Höhe über dem Boden.

Bild 7: Zwei Aufbauten, bei denen die Masse m_2 an die Masse m_1 über einen Faden und über Umlenkrollen angehängt ist.

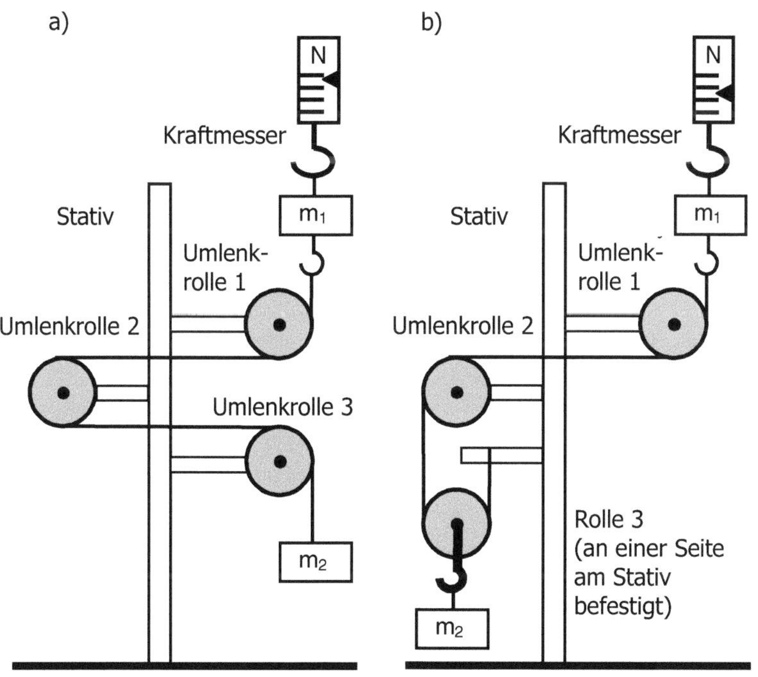

a) Welche Kraft zeigt der Kraftmesser in Bild 7 a) und Bild 7 b) jeweils an?

b) Welche Kraft würde der Kraftmesser in Bild 7 a) und Bild 7 b) jeweils anzeigen, wenn sich beide Aufbauten auf dem Mars befinden würden?

Info: Der Ortsfaktor auf dem Mars beträgt g_{Mars} = 3,73 N/kg [Lit. 4].

Aufgabe 5: *„Nicht optimal addiert"*

Eine in den Boden geschlagene Zeltstange aus Buchenholz (Rundholz, 16 mm Durchmesser) wird zusätzlich durch zwei Seile gegen den von links kommenden Wind geschützt (siehe Bild 8). Die Seilkräfte betragen $\vec{F_1}$ = 3 N und $\vec{F_2}$ = 5 N. Beide Kräfte bilden zueinander einen bestimmten Winkel α.

Bild 8: Zeltstange mit zwei Seilen, die in einem bestimmten Winkel α (hier α = 30°) an der Zeltstange befestigt sind.

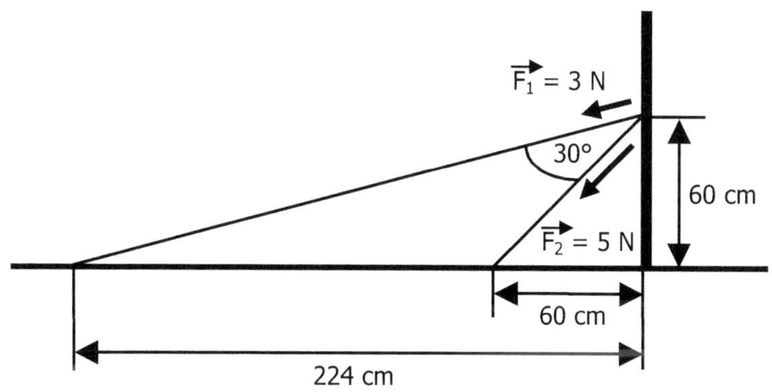

Tabelle 2: Beträge der Kräfte[1] F_1 und F_2 mit entsprechendem Winkel α

F_1	F_2	Winkel α zwischen F_1 und F_2
3,0 N	5,0 N	30°
3,0 N	5,0 N	40°
3,0 N	5,0 N	50°

---

[1] Da es um den Betrag einer Kraft geht, das entspricht der Länge des Kraftpfeils in der Einheit Newton, wird der Pfeil über dem Kraftsymbol weggelassen: $F = |\vec{F}|$.

a) Ermitteln Sie durch Konstruktion eines Kräfteparallelogramms die resultierende Kraft $\vec{F}_{Res} = \vec{F}_1 + \vec{F}_2$ (auf eine Nachkommastelle in Newton) für denjenigen Winkel α aus Tabelle 2, für den der Betrag der resultierenden Kraft einen maximalen Wert annimmt.

Kräftemaßstab: 1 cm auf dem Papier entsprechen 1 N.

Info: Zur Übung können die Kräfteadditionen für sämtliche Winkel in Tabelle 2 getestet werden.

b) Überprüfen Sie die zeichnerische Lösung durch Rechnung mithilfe des Kosinussatzes (Kosinussatz, siehe Anhang 2).

c) Die Kräfte $\vec{F}_1$ und $\vec{F}_2$ können in Vektorenschreibweise mit den Komponenten F_x und F_y dargestellt werden (siehe Bild 9). Für $\alpha = 30°$ ergibt sich:

$$\vec{F} = \begin{pmatrix} F_x \\ F_y \end{pmatrix} \quad ; \quad \vec{F}_1 = \begin{pmatrix} 3\,N \\ 0\,N \end{pmatrix} ; \quad \vec{F}_2 = \begin{pmatrix} 4{,}3\,N \\ 2{,}5\,N \end{pmatrix}$$

Bild 9: Vektoren $\vec{F}_1$ und $\vec{F}_2$ für den Winkel $\alpha = 30°$.

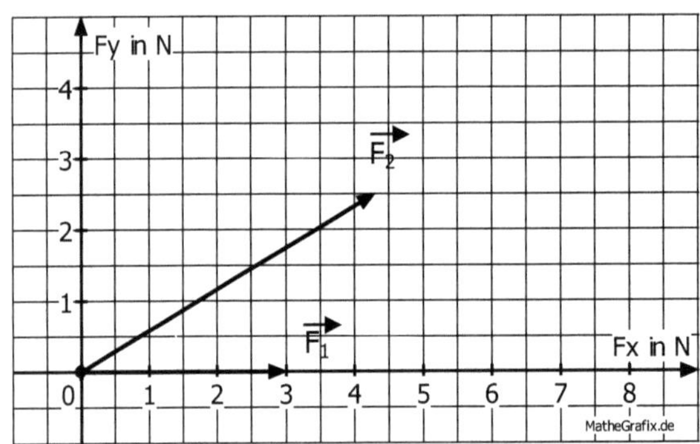

Bestimmen Sie durch Vektoraddition von $\vec{F}_1$ und $\vec{F}_2$ die resultierenden Kraft, $\vec{F}_{Res}$, sowie deren Betrag.

Aufgabe 6: *„Am Hang wird gezogen"*

Zwei Wagen, die sich an zwei schiefen Ebenen mit unterschiedlichem Neigungswinkel befinden, sind mit einem Faden über eine Umlenkrolle miteinander verbunden (siehe Bild 10).

Die Massen der beiden Wagen sind so gewählt, dass sich beide Wagen in Ruhe befinden. Die Reibung soll bei der Betrachtung vernachlässigt werden.

Bild 10: Lageplan der beiden Wägen auf den beiden schiefen Ebenen.

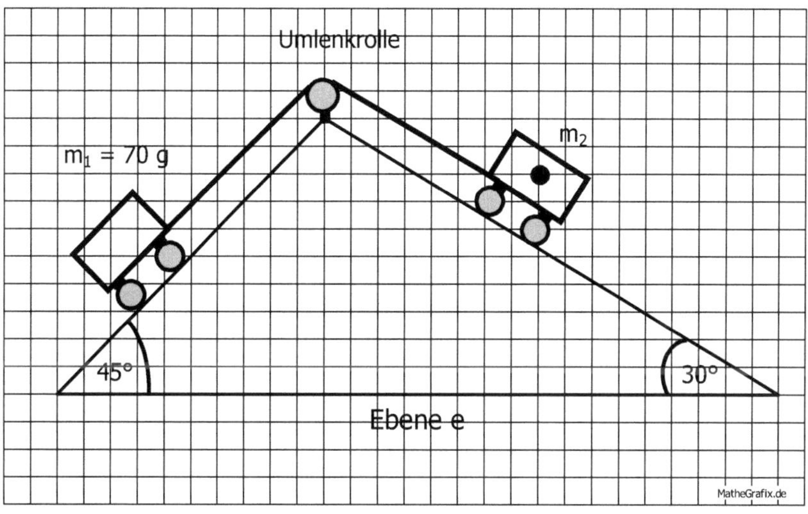

a) Berechnen Sie die Masse m_2.

b) Bestimmen Sie in Bild 10 zeichnerisch die Hangabtriebskraft, $\vec{F}_{H,2}$, des Wagens der Masse m_2 (Ortsfaktor $g \approx 10$ m/s^2).

Kräftemaßstab: 1 Kästchen auf dem Papier entsprechen 0,125 N.

<u>Info</u>: Zeichnen Sie hierzu zunächst die Gewichtskraft des Wagens, $\vec{F}_{G,2}$, die am Masseschwerpunkt angreift und senkrecht zur Ebene e verläuft, ein. Der Masseschwerpunkt ist in Bild 10 mit einem , ● ' gekennzeichnet. Zerlegen Sie die Gewichtskraft in die Normalkraft und in die gesuchte Hangabtriebskraft.

c) Der Wagen der Masse m_2 wird wenige Zentimeter nach oben geschoben. Entsprechend verschiebt sich der Wagen der Masse m_1 nach unten. Bleiben beide Wägen nach wie vor in Ruhe?

Aufgabe 7: *„Zwei Materialen drücken aufeinander und sollen bewegt werden – nicht ohne Reibung "*

Bei den Teilaufgaben a) bis d) wird die Haft- und Gleitreibung von Holz auf Holz (jeweils Kiefernholz) betrachtet. Hierzu wurden zwei Reibungsklötze, die als ‚Reibungsklotz 1' und als ‚Reibungsklotz 2' bezeichnet werden, mit unterschiedlichen Kontaktflächen entwickelt.

a) Der Reibungsklotz 1 (m = 170 g, siehe Bild 11) wird mit der Kontaktfläche ohne Bohrungen über eine glatte und ebene Holzunterlage aus Kiefernholz (siehe Bild 11 a und 11 c), in Faserrichtung gleichförmig bewegt. Hierzu ist eine Kraft $\vec{F}$ = 0,5 N nötig.

Berechnen Sie die Gleitreibungszahl μ_{Gleit} auf zwei Nachkommastellen.

b) Beim Gleiten des Reibungsklotzes 1 wird die Kraft auf $\vec{F}$ = 0,8 N erhöht. Welche Beschleunigung a erfährt der Reibungsklotz?

c) Der Reibungsklotz 1 wird gedreht und die Kontaktfläche mit sechs Bohrungen lässt man auf der glatten Unterlage gleiten (siehe Bild 11 a und Bild 11 c). Beim Gleiten des Klotzes wird ebenfalls eine Kraft $\vec{F}$ = 0,5 N benötigt. Wovon hängt die Gleitreibungskraft aufgrund dieses Ergebnisses nicht ab?

Bild 11: Reibungsklotz 1 mit Kontaktflächen und der Unterlage.
    a) Kontaktflächen mit und ohne Bohrungen im Reibungsklotz 1

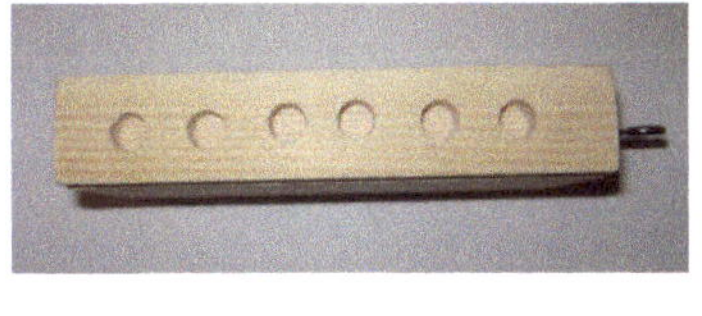

b) Reibungsklotz 1   c) Glatte Unterlage

d) Zur Bestimmung der Haftreibungszahl für den Reibungsklotz 1 mit glatter Kontaktfläche (siehe Bild 12 a) auf einer glatten Unterlage (siehe Bild 11 c) und der Haftreibungszahl für den Reibungsklotz 2 mit rauer Kontaktfläche (siehe Bild 12 a) auf einer rauen Unterlage (kein Bild) wird jeder Reibungsklotz auf eine schiefe Ebene gestellt. Der Neigungswinkel α der schiefen Ebene wird solange vergrößert, bis der jeweilige Reibungsklotz gerade anfängt nach unten zu rutschen.

Das Ergebnis der beiden Messungen ergab folgendes: Der Reibungsklotz 1 rutscht auf glatter Unterlage ab einem Winkel $\alpha = 21°$.

Der Reibungsklotz 2 (m = 170 g, siehe Bild 12 a) rutscht auf rauer Unterlage ab einem Winkel $\alpha = 26°$.

Bestimmen Sie für beide Reibungsklötze jeweils die Haftreibungszahl μ_{Haft}.

<u>Info</u>: Für die Lösung muss die Hangabtriebskraft, $\vec{F_H}$, und die ihr entgegen wirkende Haftreibungskraft, $\vec{F_{Haft}}$, berücksichtigt werden (siehe Bild 12 b).

Bild 12: Zwei Reibungsklötze und zwei Kräfte, die auf den Reibungsklotz wirken, wenn sich dieser auf der schiefen Ebene befindet.

a) Reibungsklotz 1 (oben) und Reibungsklotz 2 (unten)

b) Reibungsklotz auf der schiefen Ebene

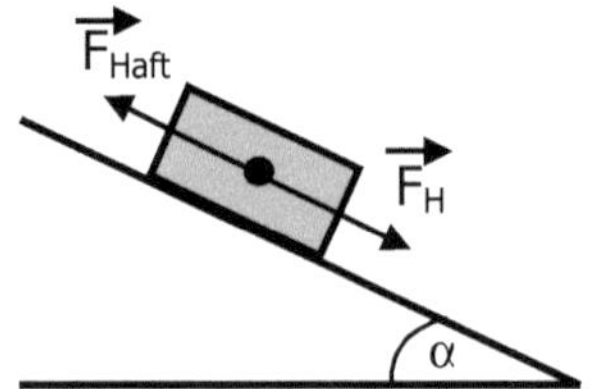

e) *‚Kräftegleichgewicht'* oder *‚Wechselwirkungsprinzip'* ?

In Bild 12 b) sind zwei Kräfte, die auf den Reibungsklotz wirken, eingezeichnet. Zwei weitere Kräfte wirken ebenfalls:

- Kraft des Reibungsklotzes auf die Unterlage: $\vec{F}_{K\,auf\,U}$
- Kraft der Unterlage auf den Reibungsklotz: $\vec{F}_{U\,auf\,K}$

Ordnen Sie von den vier Kräften jeweils zwei Kräfte, deren Betrag gleich groß sein soll, dem Kräftegleichgewicht bzw. dem Wechselwirkungsprinzip (‚actio = reactio') zu.

f) In Bild 13 [Lit. 5] soll ein weiteres Beispiel für die Abhängigkeit der Reibung von der Oberflächenbeschaffenheit anhand von zwei verschiedenen Autoreifen gezeigt werden[1].

Welches der beiden Reifenprofile in Bild 13 ist für winterliche Straßenverhältnisse am besten geeignet? Begründen Sie Ihre Auswahl.

Bild 13: Zwei Reifenprofile mit jeweils einem Ein-Cent-Stück zur Andeutung der Profiltiefe [2].

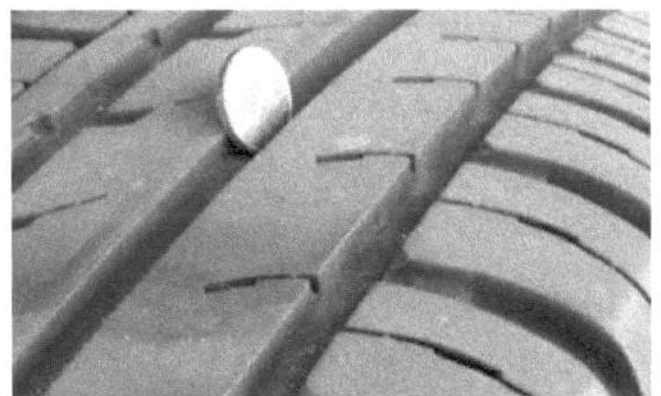

---

[1] Tatsächlich bestehen Sommer- und Winterreifen nicht aus den exakt gleichen Materialien [Lit. 6].

[2] Üblicherweise wird hierfür eine 1-Euro-Münze verwendet.

Lösungen zu den Aufgaben

Lösung zu Aufgabe 1: *„Begegnung zweier PKWs"*

a) Geschwindigkeiten v_1, v_2 und v_3 des PKW A in den drei Zeitintervallen:

$$v_1 = \frac{\Delta s}{\Delta t} = \frac{100\,\text{m} - 400\,\text{m}}{15\,\text{s} - 0\,\text{s}} = \frac{-300\,\text{m}}{15\,\text{s}} = -20\,\frac{\text{m}}{\text{s}}$$

$$v_2 = \frac{\Delta s}{\Delta t} = \frac{100\,\text{m} - 100\,\text{m}}{35\,\text{s} - 15\,\text{s}} = \frac{0\,\text{m}}{20\,\text{s}} = 0\,\frac{\text{m}}{\text{s}}$$

$$v_3 = \frac{\Delta s}{\Delta t} = \frac{0\,\text{m} - 100\,\text{m}}{47{,}5\,\text{s} - 35\,\text{s}} = \frac{-100\,\text{m}}{12{,}5\,\text{s}} = -8\,\frac{\text{m}}{\text{s}}$$

Anmerkungen:

Das Wegintervall, Δs, in dem betrachteten Zeitintervall ist als Differenz so zu schreiben, in dem die bei Ende des Zeitintervalls erreichte Wegmarke von der zu Beginn des Zeitintervalls gestarteten Wegmarke subtrahiert wird.

Entsprechend wird mit der Formulierung des Zeitintervalls, Δt, vorgegangen:

Zeitintervall Δt = Späterer Zeitpunkt t_{Ende} − Voriger Zeitpunkt t_{Beginn}

Es ergeben sich in den Zeitintervallen 1 und 3 für die Geschwindigkeiten v_1 und v_3 negative Werte, da sich der PKW A entgegen der gewählten Ortsachse s bewegt.

b) t-v-Diagramm des PKW A

Bild 14: t-v-Diagramm des PKW A

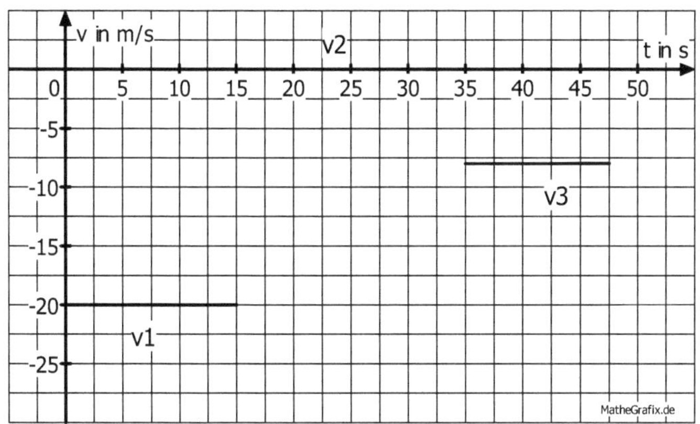

Anmerkungen:

Wird in einem bestimmten Zeitintervall eine konstante Geschwindigkeit gefahren, so wird diese in dem t-v-Diagramm als Waagerechte eingezeichnet. Für das zweite Zeitintervall, das von $t = 15$ s bis $t = 35$ s verläuft, ergibt sich für $v_2 = 0$ m/s. Daher verläuft die Waagerechte genau auf der t-Achse.

c) Zeitpunkt des Zusammentreffen beider PKWs, t_{treff} :

Der PKW B fährt bis zu der Wegmarke $s_1 = 100$ m mit $v_{B,1} = 36$ km/h $= 10$ m/s. Dafür benötigt er folgende Zeit:

$$t_1 = \frac{s_1}{v_{B,1}} = \frac{100\,\text{m}}{10\,\frac{\text{m}}{\text{s}}} = 10\,\text{s}$$

Nach der gleichen Zeit, zum Zeitpunkt $t_1 = 10$ s, erreicht der PKW A folgende Wegmarke, die als Wegmarke s_2 bezeichnet werden soll:

$$s_2 = 400\,\text{m} + v_A \bullet t_1 = 400\,\text{m} - 20\,\frac{\text{m}}{\text{s}} \bullet 10\,\text{s} = 200\,\text{m}$$

Folglich befinden sich zum Zeitpunkt t_1 = 10 s der PKW B auf der Wegmarke s_1 = 100 m und der PKW A auf der Wegmarke s_2 = 200 m.

Im nächsten Schritt werden die Zeit-Weg-Gesetze der Form $s(t) = s_0 + v*\Delta t$ für beide PKWs gleichgesetzt. Mit anderen Worten, es wird der Schnittpunkt beider Geraden im Zeit-Weg-Diagramm rechnerisch ermittelt. Die Konstante s_0 im Zeit-Weg-Gesetz ist, übertragen auf die Aufgabe, dabei die Wegmarke, an der sich der entsprechende PKW zum Zeitpunkt t_1 = 10 s befindet: Für PKW A wird für s_0 dabei s_2 = 200 m und für PKW B wird für s_0 dabei s_1 = 100 m eingesetzt:

$$s(t)_{PKW\,A} = s(t)_{PKW\,B}$$

$$200\,m + v_A \bullet \Delta t = 100\,m + v_{B,2} \bullet \Delta t \quad \big| - v_{B,2} \bullet \Delta t$$

$$200\,m + v_A \bullet \Delta t - v_{B,2} \bullet \Delta t = 100\,m \quad \big| - 200\,m$$

$$\left(v_A - v_{B,2}\right) \bullet \Delta t = -100\,m \quad \big| : \left(v_A - v_{B,2}\right)$$

$$\Delta t = -\frac{100\,m}{v_A - v_{B,2}} = -\frac{100\,m}{-20\frac{m}{s} - 20\frac{m}{s}} \quad \Rightarrow \quad \Delta t = 2{,}5\,s$$

Da beide PKWs bereits 10 Sekunden unterwegs waren, muss diese Zeit noch zu Δt addiert werden, um den Zeitpunkt des Zusammentreffens, t_{treff}, zu erhalten: $t_{treff} = \Delta t + t_1 = 2{,}5\,s + 10\,s = 12{,}5\,s$

Beide PKWs treffen sich zum Zeitpunkt t_{treff} = 12,5 s.

d) Berechnung der Wegmarke, s_{treff}, an der sich beide PKWs treffen:

Für einen PKW oder, zur Kontrolle für beide PKWs, ist die Zeit t_{treff} = 12,5 s einzusetzen. Bei PKW B müssen zwei Geschwindigkeiten berücksichtigt werden:

$$s_{PKW\,A} = 400\,m + v_A \bullet t_{treff} = 400\,m - 20\frac{m}{s} \bullet 12{,}5\,s = 150\,m$$

$$s_{PKW\,B} = v_{B,1} \bullet 10\,s + v_{B,2} \bullet 2{,}5\,s = 10\frac{m}{s} \bullet 10\,s + 20\frac{m}{s} \bullet 2{,}5\,s = 150\,m$$

Beide PKWs treffen sich an der Wegmarke s_{treff} = 150 m.

Für den Ersatzzeitpunkt t_{treff} = 13 s, der im Falle keiner Lösung bei Aufgabe 1 c) zu verwenden wäre, würde sich folgende Wegmarke, s_{treff}, ergeben:

$$s_{treff} = v_{B,1} \cdot 10\,s + v_{B,2} \cdot 3s = 10\frac{m}{s} \cdot 10\,s + 20\frac{m}{s} \cdot 3\,s = 160\ m$$

e) Durchschnittsgeschwindigkeit, $\bar{v}$, für PKW B nach Erreichen der Wegmarke s_3 = 300 m: Für die Berechnung von $\bar{v}$ gibt es zwei Möglichkeiten. Für beide Möglichkeiten muss zunächst der Zeitpunkt t_3, an dem der PKW B die Wegmarke s_3 erreicht, berechnet werden:

$$v_{B,1} \cdot t_1 + v_{B,2} \cdot \Delta t = 300m \text{ mit } t_3 = t_1 + \Delta t \text{ und } t_1 = 10s$$

$$100\,m + \quad v_{B,2} \cdot \Delta t = 300m$$

$$\Delta t = \frac{200m}{v_{B,2}} = \frac{200m}{20\frac{m}{s}} = 10\ s \quad \rightarrow \quad t_3 = 20\ s$$

Möglichkeit 1: Der bis zu der Wegmarke s_3 zurückgelegte Weg des PKW B wird durch die dafür benötigte Zeit dividiert.

$$\bar{v} = \frac{300\ m}{20\ s} = 15\frac{m}{s} = 54\frac{km}{h}$$

Möglichkeit 2: Es wird der Mittelwert beider Geschwindigkeiten mit gleicher Gewichtung berechnet, da beide Geschwindigkeiten ($v_{B,1}$ und $v_{B,2}$) gleich lang, nämlich jeweils 10 Sekunden, gefahren wurden:

$$\bar{v} = \frac{v_{B,1} + v_{B,2}}{2} = \frac{10\frac{m}{s} + 20\frac{m}{s}}{2} = 15\frac{m}{s} = 54\frac{km}{h}$$

Anmerkung:

Die erstgenannte Möglichkeit der Berechnung der Durchschnitts-Geschwindigkeit ist für den Alltag sinnvoller, zumal nach Abfahren einer Strecke häufig nicht bekannt ist, wie viele unterschiedliche Geschwindigkeiten gefahren wurden und wie lange diese gefahren wurden.

Lösung zu Aufgabe 2: *„Momentangeschwindigkeit eines vorbeifahrenden*

Autos"

a) Für die abgeschätzte Momentangeschwindigkeit, $v_{Momentan}$, ergibt sich:

$$v_{Momentan} = \frac{\Delta s}{\Delta t} = \frac{4{,}10\ m\ -\ 2{,}49\ m}{\dfrac{10}{30}\ s\ -\ \dfrac{6}{30}\ s} = \frac{1{,}61\ m}{\dfrac{4}{30}\ s} = 12{,}08\ \frac{m}{s} = 43{,}5\ \frac{km}{h}$$

Anmerkungen:

Wird dieser Bruch, wie in der Lösung angegeben, in den Taschenrechner eingegeben, so muss vor Eingabe des Nenners eine Klammer gesetzt werden.

Die Momentangeschwindigkeit wird durch Auswertung der Bilder 3 b) und 3c) abgeschätzt. Für eine noch genauere Berechnung dieser Geschwindigkeit hätte die Messstrecke noch kürzer als 1,61 m betragen sollen.

b) Würden die Bilder 3 a) und 3 d) für die Abschätzung der Momentan-Geschwindigkeit herangezogen, so wäre die Messstrecke mehr als doppelt so groß, wie dies bei der Verwendung der Bilder 3 b) und 3 c) der Fall wäre. Auch das verwendete Zeitintervall Δt wäre erheblich größer, es würde dann $\Delta t = 16/30\ s = 0{,}53\ s$ betragen.

Aus der Verwendung einer größeren Messstrecke Δs für die Messung der Momentangeschwindigkeit folgt zwangsweise ein länger gemessenes Zeitintervall Δt, so dass als Folge die Geschwindigkeit des Autos bei verlängerter Messstrecke und verlängerter Zeitmessung stärker variieren kann.

Die Berechnung mittels $\Delta s/\Delta t$ entspricht, je größer Δs und Δt werden, daher eher einer gewöhnlichen Durchschnittsgeschwindigkeit, die von der tatsächlich gefahrenen Momentangeschwindigkeit des Autos stärker abweicht.

Lösung zu Aufgabe 3: *„Ein Auto bremst bis zum Stillstand ab"*

a) Bis zum Zeitpunkt $t_1 = 1\ s$ legt das Auto den Wegabschnitt Δs_1 zurück. Entsprechend legt das Auto zwischen den Zeitpunkten $t_1 = 1\ s$ und $t_2 = 2\ s$ einen zweiten Wegabschnitt Δs_2 zurück. Bei einer gleichförmigen Bewegung wären beide Wegabschnitte gleich lang: $\Delta s_1 = \Delta s_2$.

Die beiden Wegabschnitte stimmen jedoch, wie es in Bild 5 ersichtlich wird, in ihren Längen nicht überein. Nach der Berechnung ergibt sich für $\Delta s_1 = 10{,}5\ m$ und für $\Delta s_2 = 6{,}5\ m$. Es handelt sich daher um keine gleichförmige Bewegung.

b) Berechnung des zurückgelegten Weges zum Zeitpunkt $t_1 = 1\ s \Rightarrow s(1\ s)$:

Zunächst muss die Anfangsgeschwindigkeit (v_{Anf} oder $v(0\ s)$) zum Zeitpunkt $t_0 = 0\ s$ in der Einheit m/s angegeben werden:

$$v_{Anf} = 45\ \frac{km}{h} = \frac{45}{3{,}6}\ \frac{m}{s} = 12{,}5\ \frac{m}{s}$$

Für die Berechnung von $s(1\ s)$ gilt:

$$s(t) = v_{Anf} \bullet t + \frac{1}{2} \bullet a \bullet t^2 = 12{,}5\ \frac{m}{s} \bullet t + \frac{1}{2} \bullet \left(-4\ \frac{m}{s^2}\right) \bullet t^2$$

$$s(1\,s) = 12{,}5\ \frac{m}{s} \bullet 1\,s - 2\ \frac{m}{s^2} \bullet (1\,s)^2 = 10{,}5\ m$$

Berechnung des zurückgelegten Weges zum Zeitpunkt $t_2 = 2\ s \Rightarrow s(2\ s)$:

$$s(t) = v_{Anf} \bullet t + \frac{1}{2} \bullet a \bullet t^2 = 12{,}5\ \frac{m}{s} \bullet t + \frac{1}{2} \bullet \left(-4\ \frac{m}{s^2}\right) \bullet t^2$$

$$s(2\,s) = 12{,}5\ \frac{m}{s} \bullet 2\,s - 2\ \frac{m}{s^2} \bullet (2\,s)^2 = 17{,}0\ m$$

Berechnung des zurückgelegten Weges zum Zeitpunkt $t_3 = 3\ s \Rightarrow s(3\ s)$:

$$s(t) = v_{Anf} \bullet t + \frac{1}{2} \bullet a \bullet t^2 = 12{,}5\ \frac{m}{s} \bullet t + \frac{1}{2} \bullet \left(-4\ \frac{m}{s^2}\right) \bullet t^2$$

$$s(3\,s) = 12{,}5\ \frac{m}{s} \bullet 3\,s - 2\ \frac{m}{s^2} \bullet (3\,s)^2 = 19{,}5\ m$$

Fortsetzung von Aufgabe 3b): Berechnung der benötigten Zeit t für den zurückgelegten Weg s = 19,53 m:

$$s(t) = v_{Anf} \bullet t + \frac{1}{2} \bullet a \bullet t^2 = 12,5 \, \frac{m}{s} \bullet t + \frac{1}{2} \bullet \left(-4 \, \frac{m}{s^2} \right) \bullet t^2 = 19,53 \, m$$

Nach Umformen ergibt dies eine quadratische Gleichung, wobei die Zeit t durch die Variable x ersetzt werden kann:

$$-2 \, \frac{m}{s^2} \bullet t^2 + 12,5 \, \frac{m}{s} \bullet t - 19,53 \, m = 0 \quad \text{oder} \quad -2x^2 + 12,5x - 19,53 = 0$$

$$x_{1,2} = \frac{-12,5 \pm \sqrt{12,5^2 - 4 \bullet (-2) \bullet (-19,53)}}{2 \bullet (-2)} \Rightarrow x_1 = 3,1 \; ; \; x_2 = 3,15$$

Für die Bremszeit ergibt sich daraus $t_{Brems} = 3,1$ s bzw. $t_{Brems} = 3,15$ s.

Anmerkung:

Die exakte Bremszeit für den genau berechneten, jedoch in der Realität schwer zu messenden Bremsweg von 19,53125 m, beträgt $t_{Brems} = 3,125$ s. Folglich ergibt sich daher nur <u>eine Lösung</u> für die quadratische Gleichung. Für diese Zeit beträgt die Geschwindigkeit $v(3,125 \, s) = v_{Ende}$:

$$v(3,125 \, s) = v_{Anf} + a \bullet t_{Brems} = 12,5 \, \frac{m}{s} - 4 \, \frac{m}{s^2} \bullet 3,125 \, s = 0 \, \frac{m}{s}$$

c) Zum Zeitpunkt t_3 sei die Geschwindigkeit des Autos v(3s), das Auto ist noch nicht zum Stillstand gekommen (siehe Bild 15). Wie in Bild 15 ersichtlich, beträgt v(3s) = 0,5 m/s.

Die Fläche A im t-v-Diagramm entspricht dem zurückgelegten Weg s(3s) zum Zeitpunkt $t_3 = 3$ s. Die Fläche A setzt sich zu diesem Zeitpunkt aus einem Dreieck, gekennzeichnet durch die Punkte ABC und einem Rechteck, gekennzeichnet durch die Punkte BCDE, zusammen.

Bild 15: t-v-Diagramm des Autos bis zu dem Zeitpunkt $t_3 = 3$ s:

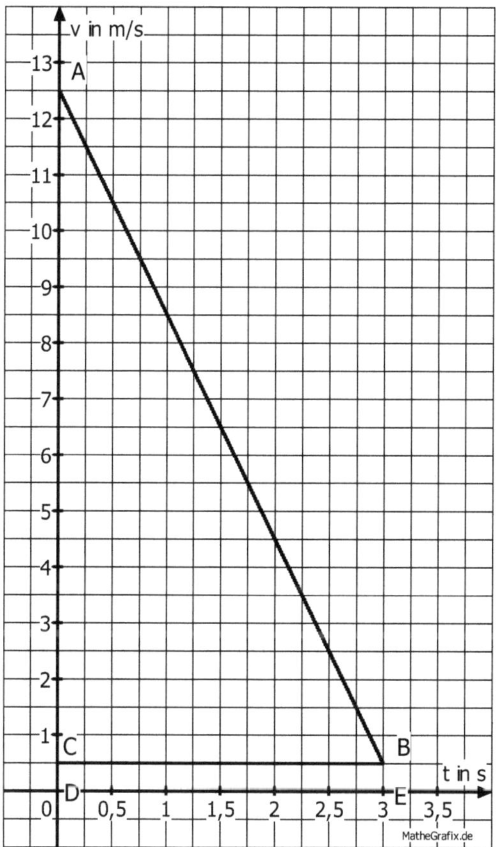

Der zurückgelegte Weg s(3s) berechnet sich daher aus diesen beiden Teilflächen:

$$s(3\,s) = \quad A_{ABC} \quad + \quad A_{BCDE}$$

$$s(3\,s) = \frac{1}{2}\left(v_{Anf} - v(3s)\right) \bullet 3s \; + \; v(3s) \bullet 3s$$

$$s(3\,s) = \frac{1}{2}\left(12{,}5\,\frac{m}{s} - 0{,}5\,\frac{m}{s}\right) \bullet 3s + 0{,}5\,\frac{m}{s} \bullet 3s = 19{,}5\,m$$

d) Momentangeschwindigkeit des Autos zum Zeitpunkt $t_1 = 1$ s:

Die Steigung der Tangente an die Kurve im t-s-Diagramm (siehe Bild 6) zum Zeitpunkt $t_1 = 1$ s entspricht der Momentangeschwindigkeit v(1s). Als Ansatz zur Bestimmung der Momentangeschwindigkeit soll mit einer Funktion f(x) und deren ersten Ableitung f '(x) verglichen werden.

<u>Zusammenhang mit einer Funktion f(x) und deren 1. Ableitung f '(x):</u>

Die Zeit t entspricht der x-Variablen: $t \rightarrow x$

Der zurückgelegte Weg s(t) entspricht der Funktion f(x): $s(t) \rightarrow f(x)$

Die Momentangeschwindigkeit v(1s) zum Zeitpunkt $t_1 = 1$ s, entspricht der 1. Ableitung von f(x), also f '(x) an der Stelle x = 1: $v(1s) \rightarrow f'(1)$

Daraus ergibt sich für die Funktion f(x) und deren 1. Ableitung f '(x) :

$$f(x) = 12{,}5x - 2x^2$$
$$f'(x) = 12{,}5 - 4x \quad \rightarrow \quad f'(1) = 8{,}5$$

f ' (1) entspricht der Steigung an der Stelle x = 1. Es ist eine Tangente mit der Steigung 8,5.

Es soll daran erinnert werden, dass die Steigung einer Geraden im t-s-Diagramm (im Falle einer gleichförmigen Bewegung eines Körpers) der Geschwindigkeit v entspricht. Bei dem vorliegenden Bremsvorgang ändert sich jedoch die Geschwindigkeit zu jedem Zeitpunkt.

Die Momentangeschwindigkeit des Autos zum Zeitpunkt $t_1 = 1$ s beträgt daher v(1s) = 8,5 m/s = 30,6 km/h.

e) Einzeichnen der Tangente zum Zeitpunkt $t_1 = 1$ s an die Kurve s(t):

Bild 16: Tangente mit der Steigung 8,5 m/s durch den Punkt (1s / 10,5 m)

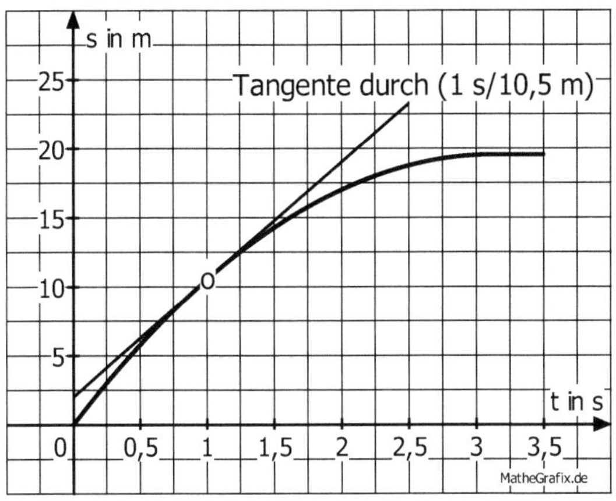

f) Berechnung der Bremskraft

$$\vec{F} = m \bullet a$$

$$\left|\vec{F}\right| = m \bullet \left|a\right| = 1200 \text{ kg} \bullet 4\,\frac{m}{s^2} = 4800 \text{ N}$$

Anmerkung:

Tipps zum Auflösen von Gleichungen nach den gesuchten physikalischen Größen sind im Anhang 1 aufgeführt.

Lösung zu Aufgabe 4: *„ Angehängt und umgelenkt "*

In beiden Anordnungen muss zu der Gewichtskraft $\vec{F}_{G,1}$, die auf die Masse m_1 wirkt, eine weitere Kraft addiert werden.

a) In Bild 7 a) hängt die Masse m_2 praktisch direkt an der Masse m_1, da die Umlenkrollen 1 bis 3 die Gewichtskraft von m_2 ($\vec{F}_{G,2}$ = m_2*g) lediglich in andere Richtungen umlenken, jedoch deren Betrag nicht verändern.

$$F = m_1 \bullet g + m_2 \bullet g = (m_1 + m_2) \bullet g = (0{,}1\,kg + 0{,}1\,kg) \bullet 9{,}81\,\frac{N}{kg}$$

$$F = 1{,}96\ N$$

Der Kraftmesser in Bild 7a) zeigt eine Kraft von 1,96 N an.

In Bild 7 b) bewirken die Umlenkrollen 1 und 2, wie in Bild 7 a), keine Verringerung der Gewichtskraft von m_2. Die Masse m_2 hängt jedoch zusätzlich an einer frei hängenden Rolle (‚Rolle 3'). Eine Hälfte der Gewichtskraft, $\vec{F}_{G,2}$, die auf m_2 wirkt, zieht an dem Kraftmesser, die andere Hälfte zieht an dem Faden, an dem ‚Rolle 3' mit dem Stativ befestigt ist. Aufgrund des Einbaus von ‚Rolle 3' wird folglich Kraft gespart.

$$F = m_1 \bullet g + \frac{1}{2} \bullet m_2 \bullet g = (m_1 + \frac{1}{2} \bullet m_2) \bullet g$$

$$F = (0{,}1\,kg + \frac{1}{2} \bullet 0{,}1\,kg) \bullet 9{,}81\,\frac{N}{kg} = 1{,}47\ N$$

Der Kraftmesser in Bild 7b) zeigt eine Kraft von 1,47 N an.

b) Aufgrund der geringeren Masse des Mars im Vergleich zur Masse der Erde bewirkt der Mars eine geringere Anziehungskraft auf die beiden Massen m_1 und m_2.

In Bild 7 a) würde der Kraftmesser folgende Kraft anzeigen:

$$F = m_1 \bullet g_{Mars} + m_2 \bullet g_{Mars} = (m_1 + m_2) \bullet g_{Mars}$$

$$F = (0,1\,kg + 0,1\,kg) \bullet 3,73\,\frac{N}{kg} = 0,75\,N$$

In Bild 7 b) würde der Kraftmesser folgende Kraft anzeigen:

$$F = m_1 \bullet g_{Mars} + \frac{1}{2} \bullet m_2 \bullet g_{Mars} = (m_1 + \frac{1}{2} \bullet m_2) \bullet g_{Mars}$$

$$F = (0,1\,kg + \frac{1}{2} \bullet 0,1\,kg) \bullet 3,73\,\frac{N}{kg} = 0,56\,N$$

Anmerkung:

Die Gewichtskraft, die auf eine Masse m wirkt, ist vom jeweiligen Ort abhängig (hier Erde bzw. Mars), an dem sich diese Masse m befindet.

Lösung zu Aufgabe 5: *„Nicht optimal addiert* "

a) Für den Winkel $\alpha = 30°$ ist der Betrag der resultierenden Kraft, F_{Res}, am
   größten, da die beiden Kräfte im Vergleich zu den anderen Winkeln am
   ehesten in eine Richtung zeigen: $F_{Res} = 7{,}7$ N (siehe Bild 17).

   Jedoch ist aufgrund des Winkels, den beide Kräfte zueinander einnehmen,
   der Betrag der resultierenden Kraft nicht 8,0 N! Dies gilt nur für $\alpha = 0°$.

   Bild 17: Ergebnis der zeichnerischen Lösung der Kräfteaddition für $\alpha = 30°$

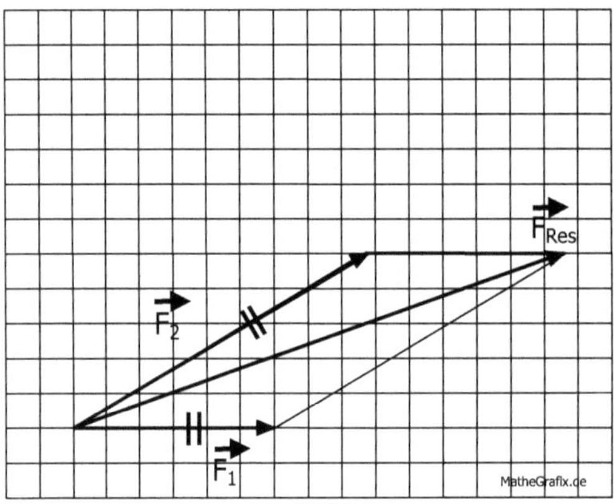

Für die zeichnerische Lösung sind folgende Punkte zu beachten:
- Parallelen zu $\vec{F}_1$ und $\vec{F}_2$ werden so gezeichnet, dass sie die Spitzen der
  Kräfte schneiden.
- Die resultierende Kraft $\vec{F}_{Res}$ wird vom Angriffspunkt der Kräfte $\vec{F}_1$ und
  $\vec{F}_2$ bis zum Schnittpunkt der beiden Parallelen eingezeichnet.
- Da die resultierende Kraft $\vec{F}_{Res}$ die beiden einzelnen Kräfte $\vec{F}_1$ und $\vec{F}_2$
  ersetzt, werden diese mit zwei kleinen Querstrichen ausgestrichen.
- Der Betrag von $\vec{F}_{Res}$ kann durch Abmessen mit einem Lineal (hier: Länge
  von $\vec{F}_{Res}$ beträgt 7,7 cm auf kariertem DIN A4-Papier) und der
  Umrechnung in Newton entsprechend dem verwendeten
  Kräftemaßstab bestimmt werden.

b) Durch Einsetzen in den Kosinussatz (siehe Anhang 2) erhält man den Betrag der resultierenden Kraft.

Für $\alpha = 30°$:

$$F_{Res} = \sqrt{5^2 + 3^2 - 2 \bullet 5 \bullet 3 \bullet \cos150}\ N \quad \Rightarrow \quad F_{Res} = 7,7\ N$$

Für $\alpha = 40°$:

$$F_{Res} = \sqrt{5^2 + 3^2 - 2 \bullet 5 \bullet 3 \bullet \cos140}\ N \quad \Rightarrow \quad F_{Res} = 7,5\ N$$

Für $\alpha = 50°$:

$$F_{Res} = \sqrt{5^2 + 3^2 - 2 \bullet 5 \bullet 3 \bullet \cos130}\ N \quad \Rightarrow \quad F_{Res} = 7,3\ N$$

c) Die Vektoraddition ergibt folgendes:

$$\vec{F}_{Res} = \vec{F}_1 + \vec{F}_2 = \begin{pmatrix} 3\,N + 4,3\,N \\ 0\,N + 2,5\,N \end{pmatrix} = \begin{pmatrix} 7,3\,N \\ 2,5\,N \end{pmatrix}$$

Der Betrag der resultierenden Kraft ergibt sich zu:

$$F = \left| \vec{F}_{Res} \right| = \sqrt{(7,3\ N)^2 + (2,5\ N)^2} = 7,7\ N$$

Anmerkung:

Die Beträge der beiden Seilkräfte von 3 N und 5 N erscheinen gering. Tatsächlich neigt sich im Versuch die Stange in Richtung der beiden Seile, sobald etwas größere Seilkräfte angewandt werden.

Anhand der Konstruktion des Kräfteparallelogramms wird vermutlich nicht ersichtlich, dass es sich um eine Addition von Vektoren handelt. Daher wurde die letzte Teilaufgabe ergänzt, um zu verdeutlichen, dass es sich um eine Addition handelt. Der maximale Betrag für die resultierende Kraft (8 N) wird nur erhalten, wenn sich beide Kräfte auf einer Wirkungslinie befinden ($\alpha = 0°$) und in dieselbe Richtung zeigen.

Lösung zu Aufgabe 6: *„Am Hang wird gezogen"*

a) Auf jeden Wagen wirkt, wenn er isoliert betrachtet wird, eine Hangabtriebskraft.

Diese wirkt parallel zu dem entsprechenden Hang und zieht den Wagen, abhängig von dessen Masse und des Neigungswinkels, nach unten. Für den Betrag der Hangabtriebskraft, $\vec{F}_H$, gilt im Allgemeinen und konkret für Wagen 1 und für Wagen 2:

$$F_H = F_G \bullet \sin \alpha \;\; ; \;\; F_{H,1} = F_{G,1} \bullet \sin 45 \;\; ; \;\; F_{H,2} = F_{G,2} \bullet \sin 30$$

Da beide Wägen durch Faden und Umlenkrolle miteinander verbunden sind, wirkt die Hangabtriebskraft des Wagens der Masse m_1, $\vec{F}_{H,1}$, direkt der Hangabtriebskraft des anderen Wagens, $\vec{F}_{H,2}$, entgegen.

Sollen sich beide Wägen in Ruhe befinden, so müssen die Beträge beider Hangabtriebskräfte gleich groß sein.

$$F_{H,1} = F_{H,2}$$

Da es um die Beträge beider Kräfte geht, kann der Pfeil über dem Symbol ‚F' weggelassen werden. Durch Einsetzen ergibt sich:

$$F_{G,1} \bullet \sin 45 = F_{G,2} \bullet \sin 30 \quad \big|:\sin 30$$

$$F_{G,2} = F_{G,1} \bullet \frac{\sin 45}{\sin 30}$$

Es werden die Gewichtskräfte, $F_{G,1} = m_1 * g$ und $F_{G,2} = m_2 * g$, die jeweils auf m_1 beziehungsweise auf m_2 wirken, eingesetzt:

$$m_2 \bullet g = m_1 \bullet g \bullet \frac{\sin 45}{\sin 30} \quad \big|:g$$

$$m_2 = m_1 \bullet \frac{\sin 45}{\sin 30} = 70g \bullet 1{,}414 \approx 99g \approx 0{,}1kg$$

Die Masse m_2 beträgt 99 g oder ca. 0,1 kg.

Anmerkung:

Tatsächlich wurde das Experiment mit den Massen m_1 = 73,7 g und m_2 = 103,5 g durchgeführt. Hier ist m_2 etwas kleiner als der theoretisch zu erwartende Wert.

Dies liegt u.a. an der vorhandenen Reibung, die zwischen den Rädern und dem Untergrund herrscht, sowie an der Reibung des Fadens, der über eine Umlenkrolle läuft. Dieser Versuch kann zum Beispiel mit zwei Spielzeugwägen und mit Münzen, die zum Justieren der Massen m_1 und m_2 dienen, nachgebaut werden.

b) Kräftezerlegung

An dieser Aufgabe soll nochmals kurz die Vorgehensweise der Kräfte-Zerlegung beschrieben werden:

Schritt 1: Die zu zerlegende Kraft (die Gewichtskraft $\vec{F}_{G,2}$ von Wagen 2) wird eingezeichnet.

$\Rightarrow F_{G,2} = m_2 * g = 0{,}1 \text{ kg} * 10 \text{ N/kg} = 1 \text{ N}$

$\Rightarrow$ Die Länge von $\vec{F}_{G,2}$ beträgt hier 4 cm (DIN A4-Papier) und greift am Masseschwerpunkt von m_2 an und verläuft senkrecht zur Ebene e, zum Erdmittelpunkt gerichtet.

Schritt 2: Die Richtungen der Teilkräfte (hier $\vec{F}_{N,2}$, $\vec{F}_{H,2}$) werden festgelegt.

$\Rightarrow$ Die Normalkraft, $\vec{F}_{N,2}$, wirkt senkrecht zur schiefen Ebene mit Neigungswinkel α = 30°

$\Rightarrow$ Die Hangabtriebskraft, $\vec{F}_{H,2}$, wirkt parallel zur schiefen Ebene

$\Rightarrow$ Beide Teilkräfte greifen am Masseschwerpunkt an.

$\Rightarrow$ Es wird empfohlen, mit Bleistift die Richtungen der Teilkräfte zunächst etwas länger und ohne Pfeil einzuzeichnen.

Schritt 3: Kräfteparallelogramm zeichnen.

$\Rightarrow$ Die Parallele p_1 verläuft parallel zur Normalkraft $\vec{F}_{N,2}$

$\Rightarrow$ Die Parallele p_2 verläuft parallel zur Hangabtriebskraft $\vec{F}_{H,2}$

$\Rightarrow$ Beide Parallelen gehen durch die Spitze von $\vec{F}_{G,2}$

$\Rightarrow$ In diesem speziellen Fall wird ein Rechteck erhalten.

Schritt 4: Teilkräfte als Pfeile einzeichnen.

$\Rightarrow$ Vom Masseschwerpunkt, als je eine Seite des

Parallelogramms, wird jede Teilkraft als Pfeil eingezeichnet.

Schritt 5: Die zu zerlegende Kraft, $\vec{F}_{G,2}$, wird ausgestrichen – dies wird

häufig vergessen. Dies bedeutet, die zwei Teilkräfte ersetzen

nun die zu zerlegende Kraft.

Schritt 6: Die Teilkräfte werden mit dem Lineal ausgemessen und

mittels Kräftemaßstab in der Einheit Newton angeben.

Bild 18: Bestimmung der Hangabtriebskraft $\vec{F}_{H,2}$ durch Kräftezerlegung.

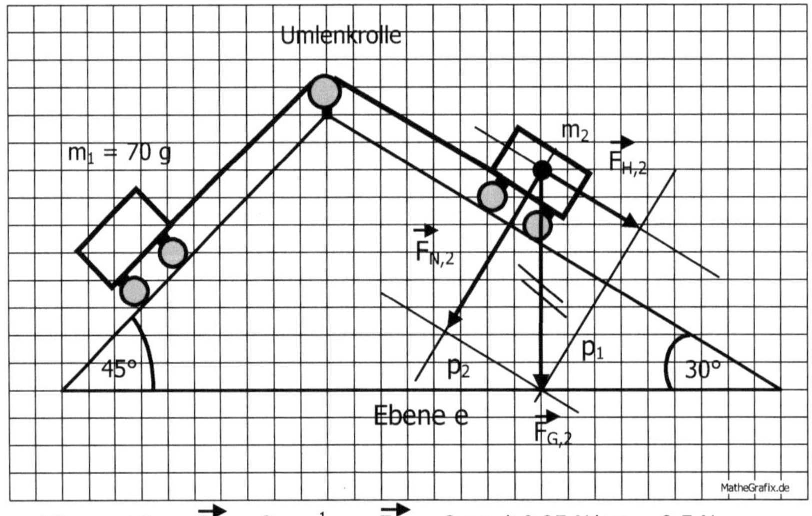

Lösung: Länge $\vec{F}_{H,2}$ = 2 cm [1] $\Rightarrow \vec{F}_{H,2}$ = 2 cm * 0,25 N/cm = 0,5 N

c) Die entsprechenden Hangabtriebskräfte $\vec{F}_{H,2}$ und $\vec{F}_{H,1}$ bleiben gleich, da sich die beiden Neigungswinkel der schiefen Ebenen nicht ändern. Beide Wägen bleiben daher weiterhin in Ruhe.

---

[1] Diese Länge wird erhalten, wenn die Zeichnung aus Bild 10 auf DIN A4- Papier nachgezeichnet wurde.

Lösung zu Aufgabe 7: *„Zwei Materialien drücken aufeinander und sollen*

bewegt werden – nicht ohne Reibung"

a) Für den Reibungsklotz 1 ergibt sich für die glatte Kontaktfläche auf glattem Untergrund (jeweils Kiefernholz) folgende Gleitreibungszahl, μ_{Gleit}:

$$F_{Gleit} = \mu_{Gleit} \bullet F_N \quad | : F_N$$

$$\mu_{Gleit} = \frac{F_{Gleit}}{F_N} = \frac{F_{Gleit}}{m \bullet g} = \frac{0,5\ N}{0,170\,kg \bullet 9,81\,\dfrac{m}{s^2}} = 0,30$$

Anmerkungen:

Die Gleitreibungszahl μ_{Gleit} ist eine dimensionslose Größe. Der Wertebereich von Reibungszahlen liegt in der Regel zwischen 0 und 1. Je größer die Reibungszahl für ein getestetes Materialpaar ausfällt, desto größer ist die Reibung. Der Reibungsklotz wurde auf der Ebene gezogen, so dass die Normalkraft gleich der Gewichtskraft ist: $\vec{F}_N = \vec{F}_G$

b) Wird der Reibungsklotz mit einer bestimmten Zugkraft geschoben und über die Unterlage gezogen, so wirkt der Zugkraft die Gleitreibungskraft entgegen. Die „restliche" Kraft $\vec{F} = \vec{F}_{Zug} - \vec{F}_{Gleit}$ beschleunigt den Reibungsklotz:

$$F = F_{Zug} - F_{Gleit} = 0,8N - 0,5\ N = 0,3N$$

Der Reibungsklotz wird mit der Kraft F = 0,3 N beschleunigt:

$$F = m \bullet a \;\Rightarrow\; a = \frac{F}{m} = \frac{0,3\ N}{0,170\ kg} = 1,76\,\frac{m}{s^2}$$

Folglich würde seine Geschwindigkeit je Sekunde um Δv = 1,76 m/s zunehmen.

c) Da die Kontaktfläche Bohrungen enthält, ist die Fläche, die auf die Unterlage drückt, kleiner. Die Gleitreibungskraft ist unverändert, d.h. die Reibung hängt nicht von der Größe der Kontaktfläche ab.

d) Für die Beträge der beiden Kräfte $\vec{F_H}$ und $\vec{F_{Haft}}$ muss gelten:

$F_H \geq F_{Haft}$ bzw. im Grenzfall $F_H = F_{Haft}$

mit $F_H = F_G \cdot \sin\alpha = m \cdot g \cdot \sin\alpha$

und $F_{Haft} = \mu_{Haft} \cdot F_N = \mu_{Haft} \cdot F_G \cdot \cos\alpha = \mu_{Haft} \cdot m \cdot g \cdot \cos\alpha$ folgt:

$m \cdot g \cdot \sin\alpha = \mu_{Haft} \cdot m \cdot g \cdot \cos\alpha \quad | : m \text{ und } : g$

$\sin\alpha = \mu_{Haft} \cdot \cos\alpha \quad | : \cos\alpha$

$$\mu_{Haft} = \frac{\sin\alpha}{\cos\alpha} = \tan\alpha$$

Die Haftreibungszahl für den Reibungsklotz 1 auf glattem Untergrund (hier war α = 21°) beträgt μ_{Haft} = 0,38.

Die Haftreibungszahl für den Reibungsklotz 2 mit rauer Kontaktfläche auf rauem Untergrund (hier war α = 26°) beträgt μ_{Haft} = 0,49.

e) Bei einem Kräftegleichgewicht wirken zwei entgegengesetzt gerichtete Kräfte mit gleichem Betrag am selben Körper. Dies ist das Kräftepaar $\vec{F_H}$ und $\vec{F_{Haft}}$.

Gilt das Wechselwirkungsprinzip, so muss Kraft und Gegenkraft an unterschiedlichen Körpern wirken. Beide Kräfte wirken gleichzeitig in entgegengesetzte Richtungen. Dies gilt für das Kräftepaar $\vec{F_{K\,auf\,U}}$ und $\vec{F_{U\,auf\,K}}$.

f) Das linke Profil in Bild 13 ist ein Winterreifen.

Es unterscheidet sich durch das im Bild rechts dargestellte Profil durch vermehrte Profilrillen. Diese können Schnee aufnehmen [Lit. 7], so dass bei schneebedeckter Straße der Schnee in den Reifen relativ gut auf dem Schnee der Straße haftet.

Weiterhin besitzt das im Bild links abgebildete Profil kleine Einschnitte, die als „Lamellen" bezeichnet werden. Sie führen zu einer erhöhten Verkantung auf der Straße und leiten auch das Wasser ab.

Anhang:

Anhang 1: Richtig nach der gesuchten physikalischen Größe auflösen.

Es wird empfohlen, zunächst nach der gesuchten Größe aufzulösen und erst dann sollten die Werte der gegebenen Größen <u>mit Einheiten</u> eingesetzt werden.

Bsp.1: Ein Fußgänger bewegt sich gleichförmig mit der Geschwindigkeit $v = 1{,}75$ m/s. Welche Zeit benötigt er für die Strecke von 5 km?

Gegeben: $v = 1{,}75$ m/s; $s = 5000$ m ; Gesucht: t

$$v = \frac{s}{t} \quad | \cdot t$$

$$v \cdot t = s \quad | \div v$$

$$t = \frac{s}{v} = \frac{5000 \text{ m}}{1{,}75\frac{\text{m}}{\text{s}}} = \frac{5000}{1{,}75}\text{ s} = 2857 \text{ s} = 47{,}6 \text{ min}$$

Bsp.2: Ein Kind fährt mit seinem Fahrrad mit konstanter Beschleunigung von $1{,}39$ m/s^2 aus dem Stillstand an. Nach welcher Zeit hat es eine Strecke von 10 m zurückgelegt?

Gegeben: $a = 1{,}39$ m/s^2 ; $s = 10$ m ; Gesucht: t

$$s = \frac{1}{2} \cdot a \cdot t^2 \quad | \cdot 2 \qquad \text{nicht} \div \frac{1}{2} \; !$$

$$2 \cdot s = \frac{2}{2} \cdot a \cdot t^2 = a \cdot t^2 \quad | \div a$$

$$\frac{2 \cdot s}{a} = \frac{a}{a} \cdot t^2 \quad \Rightarrow t^2 = \frac{2 \cdot s}{a} \quad \Rightarrow t = \sqrt{\frac{2 \cdot s}{a}}$$

$$t = \sqrt{\frac{2 \cdot 10 \text{ m}}{1{,}39\frac{\text{m}}{\text{s}^2}}} = \sqrt{\frac{20}{1{,}39}\text{ s}^2} = 3{,}8 \text{ s}$$

Bsp.3: Ein Wagen (m = 1,03 kg) wird mit einer Zugkraft von 0,3 N konstant beschleunigt. Wie groß ist die Beschleunigung?

Gegeben: m = 1,03 kg ; $\vec{F}$ = 0,3 N ;   Gesucht: a

$$F = m \bullet a \quad | : m$$

$$\frac{F}{m} = \frac{m}{m} \bullet a \qquad \Rightarrow a = \frac{F}{m} = \frac{0{,}3\ N}{1{,}03\ kg} = 0{,}29\ \frac{N}{kg} = 0{,}29\ \frac{m}{s^2}$$

Anhang 2: Kosinussatz [Lit. 8-9]

Bild 19: Berechnung des Betrages von $\vec{F}_{Res}$ mithilfe des Kosinussatzes

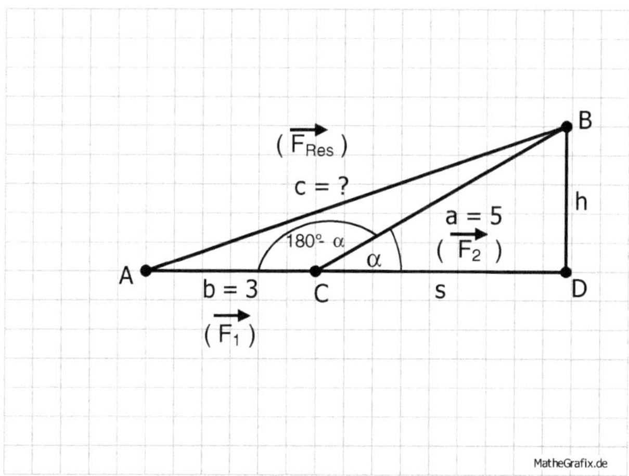

In Bild 19 wurde die Kraft $\vec{F}_2$ (a = Strecke BC) bereits an die Spitze von $\vec{F}_1$ (b = Strecke AC) gesetzt. Zur besseren Übersicht wurden die Pfeile in der Graphik weggelassen.

Der Winkel α ist derjenige Winkel, den die beiden Kräfte am Angriffspunkt zueinander einnehmen. Es soll die Kraft $\vec{F}_{Res}$ (c = Strecke AB) berechnet werden.

Im rechtwinkligen Dreieck ABD gilt:

(1) $c^2 = (b + s)^2 + h^2 = b^2 + 2 \bullet b \bullet s + s^2 + h^2$

Im rechtwinkligen Dreieck BCD gilt:

(2) $a^2 = s^2 + h^2$

Gleichung (2) in Gleichung (1) eingesetzt:

(3) $c^2 = b^2 + 2 \bullet b \bullet s + a^2 = a^2 + b^2 + 2 \bullet b \bullet s$

Die Strecke s ist nicht bekannt und wird im Dreieck BCD ersetzt durch

$$(4) \quad \cos\alpha = \frac{s}{a} \Rightarrow s = a \bullet \cos\alpha$$

Einsetzen in Gleichung (3):

$$(5) \quad c^2 = a^2 + b^2 + 2\bullet b\bullet(a\bullet\cos\alpha) = a^2 + b^2 + 2\bullet a\bullet b\bullet\cos\alpha$$

Im Dreieck ABC wird der Winkel 180°-α benötigt.

Es gilt: $\cos\alpha = -\cos(180° - \alpha)$.

Einsetzen in Gleichung (5):

$$(6) \quad c^2 = a^2 + b^2 + 2\bullet a\bullet b\bullet(-\cos(180°-\alpha)) = a^2 + b^2 - 2\bullet a\bullet b\bullet\cos(180°-\alpha)$$

Gleichung (6) ist der Kosinussatz. Die gesuchte Strecke c (Strecke AB) erhält man aus Gleichung (6) durch Ziehen der Wurzel:

$$(7) \quad c = \sqrt{a^2 + b^2 - 2\bullet a\bullet b\bullet\cos(180°-\alpha)}$$

Die Länge der Strecke c entspricht dem Betrag der resultierenden Kraft $\vec{F}_{Res}$ in der Einheit Newton.

Literatur:

1. Alle in diesem Buch vorkommenden Photographien wurden von dem Autor mit einer Digitalkamera aufgenommen.

   Titelbild: Aufgenommen im September 2016: Getriebe eines Legotechnik-Modells der Firma Lego (Billund, Dänemark), LEGO Technic Nr. 42037 – Formula Off-Roader.

   Diagramme wurden mit dem Programm MatheGrafix (Freeware, Version 9.02 von R. Hammes (2012)) erstellt, alle Skizzen wurden mit Microsoft Paint gezeichnet.

2. Die Dauer des Videos im AVI-Format, das im November 2013 erstellt wurde, beträgt ca. fünf Sekunden. Mit der frei erhältlichen Software FreeVideo-ToJPGConverter.exe v.5.0.17 (Freeware Freestudio, v. 5.7.3, Download im Jahr 2012 von www.DVDVIDEOSOFT.com) wurde das Video in 151 Einzelbilder zerlegt.

3. Eine Tangente an eine Kurve legen aus: Reinhardt, F. & Soeder, H. (1987). dtv-Atlas zur Mathematik, Tafeln und Texte, Analysis und angewandte Mathematik, Band 2. München: Deutscher Taschenbuchverlag GmbH & Co.

4. Ortsfaktor des Mars aus: Astronomische Daten unseres Sonnensystems. Abgerufen am 13.08.2018 von https://www.leifiphysik.de.

5. Profil eines Sommer- und eines Winterreifens für einen Toyota Aygo, fotografiert im April 2014.

6. Sommer- und Winterreifen unterscheiden sich in der Gummimischung, siehe beispielsweise aus: Jede Jahreszeit hat ihr Material. Abgerufen am 14.02.2019 von www.goodyear.eu.

7. Verstärkter Grip bei Winterreifen. Abgerufen am 08.02.2019 von www.reifendiscount.de/reifenlexikon.

8. Kosinussatz aus: Schramm, B. (1974). Grundlagen der Mathematik für Naturwissenschaftler. Zahlen, Funktionen, Lineare Algebra. Weinheim: Verlag Chemie.

9. Herleitung des Kosinussatzes für stumpfwinklige Dreiecke aus: Heidorn, D. (kein Datum). 2. Sinussatz und Kosinussatz. Abgerufen am 01.08.2018 von http://www.dieter-heidorn.de/Mathematik/VS/K9_Trigonometrie/K2_SinCosSatz/SinCosSatz.html.